京都ご当地サンドイッチめぐり

山本あり

産業編集センター

プロローグ

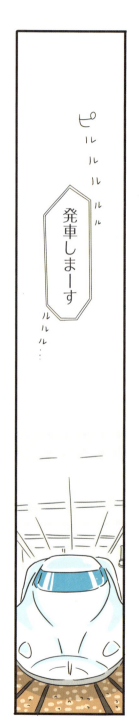

プロローグ

もくじ

1日目 … 11

- 1軒目 週1日しか営業しないパン屋さんのサンドイッチ …… 12
- 2軒目 地元民おすすめ！ 穴場喫茶でミックスサンド …… 22
- 3軒目 祇園の居酒屋。呑んだら〆にサンドイッチ …… 30

2日目 … 41

- 4軒目 パンの聖地…大行列のパン屋のサンドイッチ …… 42
- 5軒目 京都に新風。キュートなコッペパンサンド …… 62
- 6軒目 京都に愛されるローカルチェーンパン屋のサンドイッチ …… 70

3日目 … 79

- 7軒目 池波正太郎先生も食べた老舗喫茶のサンドイッチ …… 80
- 8軒目 大正12年竣工。国の登録文化財で京サンドイッチ …… 92
- 9軒目 肉屋の激ウマ、ビーフカツサンド …… 104

4日目 … 115

- 10軒目 早朝から人だかり。昔ながらの町屋パン屋でコッペパンサンド …… 116
- 11軒目 果物屋さんのフレッシュフルーツサンド …… 130
- 13軒目 新幹線でいただきます！ …… 138

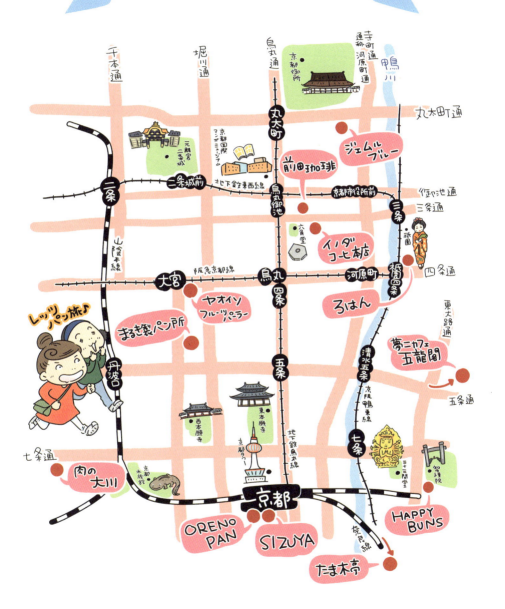

登場人物紹介

アコさん

岐阜県出身。実家は喫茶店。山本さんのパン旅に付き合ってくれる心優しいお友達。パンも好きだけどお酒はもっと好き。夢はウォッカのプールで泳ぐこと。

山本あり

東京都出身。おいしいパンがあると聞けばどこにでも飛んでいくパン好き。好奇心旺盛なわりに心配性。方向音痴なのでグーグルマップが欠かせない。

1日目

1軒目 ジェムルブルー …… P12
京都府京都市中京区毘沙門町御幸町通竹屋町上ル 537-1
http://jaimelebleukyoto.wixsite.com/jpark

2軒目 前田珈琲 文博店 …… P22
京都府京都市中京区高倉通三条上ル東片町 623-1 京都文化博物館別館内 1F
http://www.maedacoffee.com/

3軒目 祇園ろはん …… P30
京都府京都市東山区大和大路通四条上ル廿一軒町 232 1F

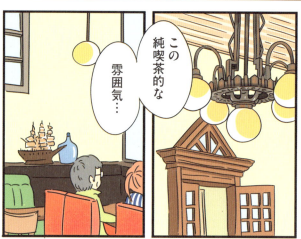

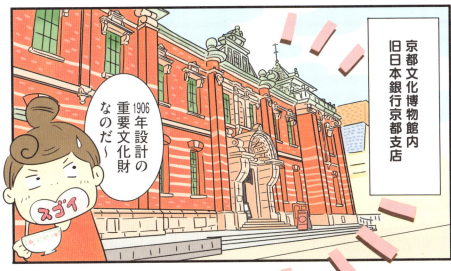

3軒目 祇園の居酒屋。呑んだら〆にサンドイッチ

2日目

4軒目 たま木亭 …… P42
京都府宇治市五ケ庄平野 57-14
http://www.tamaki-tei.com/

5軒目 HAPPY BUNS …… P62
京都府京都市東山区東瓦町 690
http://happybuns.cafe/

6軒目 志津屋（SIZUYA）京都駅店 …… P70
京都府京都市下京区東塩小路高倉町 8-3 JR京都駅八条口 アスティロード内
http://www.sizuya.co.jp/shop/kyotost.html

前回「たま木亭」に行った時、スーツケース買いをするお客さんがいた!!

今回「たま木亭」に行った後知ったこと。サンドイッチが一番そろう時間は8〜9時らしい

もっと早く知っていたらぁ

サンドイッチ全制覇したい…!!

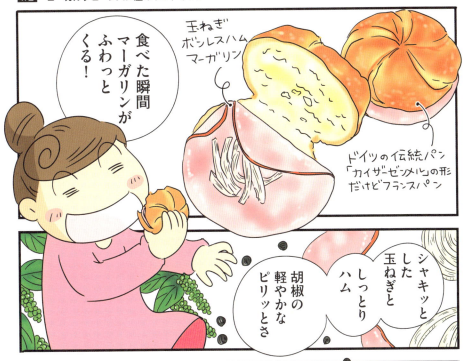

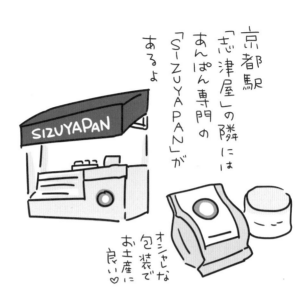

京都駅「志津屋」の隣にはあんぱん専門の「SIZUYAPAN」があるよ

オシャレな包装でお土産に良い♡

今回は難解で有名な京都のバスを初めて使ってみました

路線多い
乗り場多い
路線多い
どこでおりて何に乗りかえればいいんだ？
てゆうか逆方向に乗ってない！？

ブロロロ…

本当に難しかったぜ…

3日目

7軒目 イノダコーヒ本店 …… P80
京都府京都市中京区堺町通三条下ル道祐町140
https://www.inoda-coffee.co.jp/shop/honten/

8軒目 夢二カフェ五龍閣 …… P92
京都府京都市東山区清水2-239（清水寺門前）
http://www.goryukaku.com/index.html

9軒目 肉の大川 御前七条店 …… P104
京都府京都市下京区西七条南中野町49

もちろん
池波正太郎先生も
食べたという
あのサンドイッチ…

4日目

10軒目 **まるき製パン所** …… P116
京都府京都市下京区松原通堀川西入ル北門前町 740

11軒目 **フルーツパーラーヤオイソ** …… P130
京都府京都市下京区四条大宮東入ル立中町 496
http://yaoiso.com/

12軒目 **サンドイッチハウスメルヘン** 髙島屋京都店 …… P138
京都府京都市下京区四条通河原町西入ル真町 52　髙島屋京都店 B1F
http://www.meruhenk.co.jp/

13軒目 **ORENO PAN okumura** 京都駅店 …… P140
京都府京都市下京区東塩小路釜殿町 31-1　京都駅近鉄名店街みやこみち
https://restaurant-okumura.com/orenopan/kyoto-station/

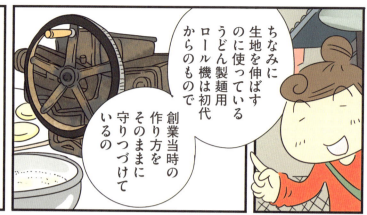

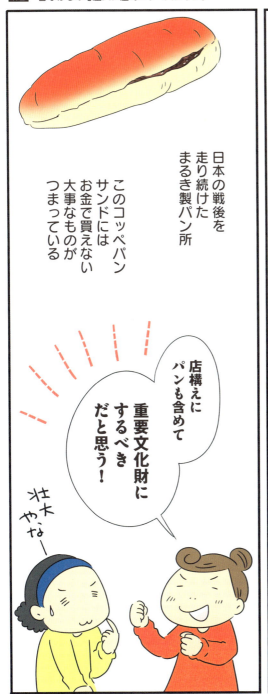

「まるき製パン所」が
創業した1947年は
終戦から2年後の
食糧難の時代。

アメリカから援助された
小麦粉を使いおいしくて
栄養価の高い物を
作りたい！
その結果普及したのが
コッペパンなのだ。

漫才コンビの
今いくよ・くるよさんも
学生時代常連
だったそう

どやさ どやさ

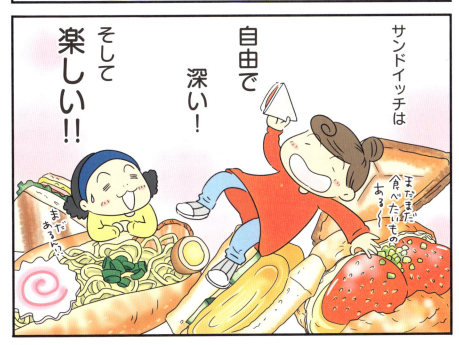

あとがき

「京都ご当地サンドイッチめぐり」を読んでいただきありがとうございました。今回のパン本はサンドイッチをフィーチャーしました。食べれば食べるほど発見があるパン。おいしくて(笑)くて楽しいパン。一生仲良くしたいと思います。この本が皆さまのパン旅の一歩になりますように。最後に、産業編集センターの皆さま、デザイナーの清水さん、パン屋さん、この本に携わってくれた皆さま、ありがとうございました。

山本 あり　Ari Yamamoto

漫画家、イラストレーター。東京都出身。
「食」が好きすぎて高校在学中に調理師免許を取得。桑沢デザイン研究所卒業。国内外のパンを食べ巡った『パンは呼んでいる』(ガイドワークス)、『世界ぱんばかパンの旅』北欧編・ロンドン編、『やっぱりパンが好き！』(イースト・プレス)や、横浜のグルメを紹介した『まんぷく横浜』『まんぷく横浜 元町・中華街』、燻製生活にチャレンジした『自宅で手軽に♪燻製生活のススメ』(KADOKAWA)、など著作多数。　Twitter @yamamoto_ari

---

京都ご当地サンドイッチめぐり

2019年 2月14日　第一刷発行
2019年 3月30日　第二刷発行

著　者　山本 あり

協　力　秋信まちこ、有江家、森井ユカさん、てらいまきさん(京都弁監修)
ブックデザイン　清水佳子(smz')
編　集　福永恵子(産業編集センター)

発　行　株式会社産業編集センター
　　　　〒112-0011 東京都文京区千石4-39-17
　　　　TEL 03-5395-6133　FAX 03-5395-5320

印刷・製本　株式会社シナノパブリッシングプレス

© 2019 Ari Yamamoto　　Printed in Japan　　ISBN978-4-86311-212-4　C0095

本書掲載のイラスト・文章を無断で転記することを禁じます。乱丁・落丁本はお取り替えいたします。